ASSOCIATION POLYTECHNIQUE DES PYRÉNÉES-ORIENTALES

FONDÉE EN 1879

SOUS LE PATRONAGE DE L'ASSOCIATION POLYTECHNIQUE DE PARIS

Et autorisée par arrêté préfectoral du 6 janvier 1880

COMPTE RENDU

DE LA

SÉANCE SOLENNELLE

Qui a eu lieu le samedi 27 février 1886

EN L'HONNEUR DU CENTENAIRE DE FRANÇOIS ARAGO

CONFÉRENCES SUR FRANÇOIS ARAGO

Par M. Louis BOSCH,

PROFESSEUR DE MATHÉMATIQUES AU COLLÈGE

LE SAVANT

Par M. Émile PAGÈS

PROFESSEUR DE PHILOSOPHIE AU COLLÈGE

LE CITOYEN

PERPIGNAN

IMPRIMERIE DE L'INDÉPENDANT, RUE D'ESPIRA, 6

1886

ASSOCIATION POLYTECHNIQUE DES PYRÉNÉES-ORIENTALES

FONDÉE EN 1879

SOUS LE PATRONAGE DE L'ASSOCIATION POLYTECHNIQUE DE PARIS

Et Autorisée par Arrêté Préfectoral du 5 Janvier 1880

COMPTE RENDU

DE LA

SÉANCE SOLENNELLE

Qui a eu lieu le samedi 27 février 1886

EN L'HONNEUR DU CENTENAIRE DE FRANÇOIS ARAGO

CONFÉRENCES SUR FRANÇOIS ARAGO :

Par M. Louis BOSCH

PROFESSEUR DE MATHÉMATIQUES AU COLLÈGE :

LE SAVANT

Par M. ÉMILE PAGÈS

PROFESSEUR DE PHILOSOPHIE AU COLLÈGE :

LE CITOYEN

PERPIGNAN

IMPRIMERIE DE « L'INDÉPENDANT », RUE D'ESPIRA, 3.

1886

Le samedi 27 février 1886, à deux heures du soir, a eu lieu, au Théâtre municipal, une séance solennelle de l'Association polytechnique des Pyrénées-Orientales en l'honneur du centenaire de François Arago.

La séance était présidée par M. Élie Delcros, président de l'Association. A côté de lui étaient assis sur la scène : MM. François Arago, petit-fils de l'illustre astronome, Camille Vilallongue, président du Tribunal civil, Cadot de Villemonble, procureur de la République, le Consul d'Espagne, Clerc, secrétaire général de la Préfecture, Bosch, adjoint au maire de Perpignan, Huet, inspecteur d'Académie, Léon Ferrer, président de la Société agricole, scientifique et littéraire, les membres du Conseil d'administration et les professeurs de l'Association.

Dans la salle où se pressait une foule d'environ quinze cents personnes, on remarquait des membres du Tribunal civil et du Tribunal de commerce, des Conseillers généraux, des Conseillers municipaux, des directeurs et des employés de diverses administrations, des officiers et la plupart des membres de l'Association.

En ouvrant la séance M. Delcros a dit qu'il ne s'attendait pas à l'honneur de présider.

Il avait espéré que M. Floquet, président de la Chambre des députés, M. Granet, ministre des Postes et Télégraphes, M. Chancel, recteur de l'académie de Montpellier, MM. les sénateurs et les députés du département, rehausseraient par leur présence l'éclat de l'hommage rendu à François Arago.

Les circonstances ne le leur ont pas permis.

M. Delcros termine en disant qu'il a reçu de M. de Lapommeraye, président de l'Association polytechnique de Paris, une dépêche ainsi conçue: « L'Association polytechnique de Paris s'associe à l'hommage que vous rendez à François Arago. »

La parole est ensuite donnée à M. Louis Bosch pour faire sa conférence sur Arago, savant.

Après cette conférence les élèves de la chorale de l'École nationale de musique, MM. les membres de l'ancien orphéon, MM. les élèves-maîtres de l'École normale et la musique du 100e de ligne exécutent d'une façon magistrale la cantate Arago, œuvre remarquable de M. Baille, directeur de l'École nationale de musique et professeur de l'Association.

M. Pagès fait ensuite sa conférence sur Arago, citoyen.

Puis, après que la musique du 100e de ligne sous la direction de son habile chef M. Brouchier, a exécuté un pas redoublé composé en l'honneur d'Arago et l'air de Salut à la France de la *Fille du Régiment*, M. Delcros remercie tous ceux qui ont prêté leur concours à la fête et dit que l'Association avait voulu, en honorant Arago, glorifier la science mise au service du progrès et de la liberté.

CONFÉRENCE DE M. Louis BOSCH

Professeur de Mathématiques au Collège.

———

·

MESDAMES,

MESSIEURS,

Résumer devant vous, en quelques mots, les principales décou vertes scientifiques qui ont immortalisé le nom de François Arago serait une tâche bien au-dessus de ma bonne volonté, et que je n'aurais jamais entreprise si je n'avais été persuadé qu'un Roussillonnais parlant à des Roussillonnais de notre illustre compatriote serait toujours écouté avec une bienveillante attention.

DOMINIQUE--JEAN--FRANÇOIS ARAGO naquit à Estagel, le 26 février 1786. Son père, licencié en droit, membre de l'Université de notre ville, ancien représentant du district d'Estagel, ancien membre du Directoire du département et du Conseil général, ayant été nommé trésorier de la Monnaie à Perpignan, toute la famille le suivit dans sa nouvelle résidence. Le jeune Arago fut placé comme externe au collège communal de notre cité où il ne s'occupa que d'études littéraires. Il apprit tout seul, sans le secours d'aucun maitre, les matières du programme scientifique de l'École polytechnique, et, après un examen aussi brillant qu'original, entra dans cette école à l'âge de dix-sept ans, et s'y maintint constamment au premier rang. Tout en restant inscrit sur la liste des élèves de l'École, il fut détaché à l'Observatoire où il devint le collaborateur de Biot dans les recherches sur la réfraction des gaz et la densité de l'air.

C'est à cette époque (1806) qu'il fut chargé, avec Biot et les commissaires espagnols Chaix et Rodriguez, de continuer le travail relatif à la mesure de l'arc du méridien terrestre qui a servi à déterminer l'unité fondamentale du système métrique. La base de la triangulation, qui devait relier notre département aux îles Baléares, allait de Perpignan à Salses. Une plaque commémorative à l'extrémité de la chaussée du Vernet indique le terme austral de cette base.

La guerre entre la France et l'Espagne le surprit au milieu de ses opérations. Alors commença une odyssée qu'il nous a écrite lui-même sous le titre *Histoire de ma jeunesse*. Quoique seul, puisque Biot était rentré en France, il n'abandonna point les instruments qui lui étaient confiés et les résultats de ses travaux minutieux et difficiles. Il fut accusé d'espionnage, traîné dans les prisons de Palamos et condamné à mort. Aidé de quelques amis, il parvint à s'échapper et gagna la côte de Barbarie d'où il revint à Marseille, après des souffrances inouïes qu'il eut à subir pendant une traversée de onze mois, échappant, comme par miracle, à la croisière anglaise qui bloquait notre littoral. Il était de retour en France pendant l'été de 1809. Son arrivée fut une résurrection ; on le croyait mort depuis longtemps. Dans un moment de détresse, il avait été obligé de vendre sa montre ; son père la reconnut, quelque temps après, entre les mains d'un officier espagnol prisonnier, qui, l'ayant achetée d'un marchand, ne put donner aucun renseignement ; cet incident ne pouvait qu'augmenter les craintes de sa famille éperdue. Le Bureau des longitudes avait été sur le point de ne plus payer ses appointements à son fondé de pouvoirs, ce qui semble d'autant plus cruel que ce fondé de pouvoirs était son père.

Arago se rendit immédiatement à Perpignan, au sein de sa famille, où sa mère, dont vous avez remarqué dans notre Musée le buste orné du bonnet catalan et qui, suivant l'expression d'Arago, était « la plus respectable et la plus pieuse des femmes, fit dire force messes pour célébrer son retour, comme elle en avait demandé pour le repos de son âme, lorsqu'elle le croyait tombé sous le poignard des Espagnols. »

Il quitta bientôt son pays natal pour déposer ses observations au Bureau des longitudes et à l'Académie des sciences. Non-seulement il avait mesuré un grand arc de méridien terrestre, mais encore, suivant les instructions de l'Institut, il avait trouvé le rapport entre la mesure adoptée et la longueur du pendule battant la seconde dans le vide et au niveau moyen de la mer, à une latitude connue, de sorte que, quand même des tremblements de terre, des cataclysmes épouvantables viendraient à bouleverser notre planète et à détruire toutes les mesures, une simple expérience avec le pendule reproduirait la valeur du mètre et rétablirait le système métrique décimal dans son invariabilité. Peut-on s'étonner, après cela, que le

18 septembre 1809, à l'âge de vingt-trois ans, malgré un article for-
mel des statuts, il était nommé, par quarante-sept voix sur cin-
quante-deux votants, académicien dans la section de l'Astronomie,
en remplacement de Lalande, contre Poisson déjà célèbre? Immédiatement après cette nomination, il fut en butte à d'étranges tra-
casseries de la part de l'autorité militaire, qui lui enjoignit de four-
nir un remplaçant ou de partir lui-même avec le contingent de
Paris. Il répondit qu'« il se rendrait sur la place de l'Estrapade,
d'où les conscrits devaient partir, en costume de membre de l'Institut, et que c'est ainsi qu'il traverserait à pied la ville de Paris. »
Effrayé de l'effet que produirait cette scène sur l'empereur, membre lui-même de l'Institut, le directeur de la conscription décida
qu'Arago, comme ancien élève de l'École polytechnique, avait satis-
fait à la loi militaire.

Le 7 juin 1830, Arago fut nommé secrétaire perpétuel de l'Académie pour les sciences mathématiques, en remplacement de Fourier,
par trente-neuf voix sur quarante-quatre votants, mais, conformé-
ment à ses idées sur le cumul, qu'il avait eu l'occasion d'exposer
peu de temps auparavant, malgré les sollicitations du maréchal
Soult, alors ministre de la guerre, et de plusieurs de ses éminents
collègues, il donna sa démission de professeur d'Analyse appliquée
à la Géométrie à l'École polytechnique. C'est en qualité de secrétaire perpétuel qu'il a prononcé ses Notices biographiques, auxquelles il a toujours refusé le nom d'« Éloges ».

Quand on parcourt les biographies de Fresnel, d'Young, de Volta,
de Watt, de Carnot..... on reconnaît bien vite que le physicien qui a
enrichi de ses découvertes l'optique, la chaleur, la physique céleste,
l'électricité dynamique et le magnétisme, que le savant qui a été
nommé, à la presque unanimité des suffrages, membre de l'Institut
et du Bureau des longitudes, et peu de temps après directeur de
l'Observatoire et secrétaire perpétuel de l'Académie des sciences,
que le professeur de l'École polytechnique, l'examinateur des élèves de l'École d'application de Metz, possédait, outre la puissance
du génie qui produit et féconde, cette rare lucidité d'esprit qui sait
développer des aperçus nouveaux et compliqués comme choses lon-
guement acquises à l'intelligence humaine, enfin qu'il a atteint
dans ses œuvres ce que Buffon appelle « la vérité du style ».

On est, d'ailleurs, agréablement surpris en trouvant parmi les éloges laissés par Arago celui de Molière, qu'il a prononcé le 15 janvier 1844, à l'inauguration de la statue que Paris lui a élevée. Ces pages écrites par un astronome sont les plus belles qui aient jamais honoré la mémoire de Molière.

Le Bureau des longitudes a été créé par une loi du 7 messidor an III (25 juin 1795). L'article 6 de cette loi impose à un des quinze membres dont le Bureau se compose l'obligation de faire un cours public *d'astronomie*. Depuis que l'article a été mis en vigueur et pendant toute la vie d'Arago, le choix de ses confrères a toujours porté sur lui. Avant que notre illustre compatriote se fût occupé de cet enseignement populaire, il n'existait que des traités où on avait réuni tout ce que la cosmographie offre de plus simple, — le lever et le coucher des astres, l'inégalité des jours, leur influence sur les températures diverses dans les différentes saisons, les éclipses de lune et de soleil. En publiant son élégant ouvrage de « *La Pluralité des mondes* » Fontenelle disait : « Je ne demande à mes lecteurs que la mesure d'intelligence qui est nécessaire pour comprendre le roman *d'Astrée*, et en apprécier toutes les beautés. » Arago a été plus exigeant, mais il a montré « la possibilité d'établir avec une entière évidence la vérité des théories astronomiques modernes, sans recourir à d'autres connaissances que celles qu'on peut acquérir à l'aide d'une lecture attentive de quelques pages ». Sans amoindrir cette sublime science, sans la dégrader, il a rendu ses plus hautes conceptions accessibles aux personnes presque étrangères aux mathématiques.

De 1813 à 1846, Arago recommença dix-huit fois des leçons qui ont eu un succès immense. Pour répondre à l'empressement du public, un amphithéâtre spécial dut être construit. Il a été détruit après la mort d'Arago : « Aucune voix, dit Barral, n'a osé se faire entendre dans l'enceinte où la mâle éloquence d'un savant maître avait passionné pour l'astronomie toutes les classes de la société. Le nom d'Arago est resté, jusque dans les rangs les plus obscurs du peuple des campagnes, le représentant de la science rendue utile sans avoir rien perdu de sa noblesse. » — On sait qu'il a consacré les derniers loisirs de sa vie à dicter son cours *d'Astronomie populaire* dont il n'avait pas l'habitude d'écrire les leçons. « Pour moi, dit-il, au commencement de cet ouvrage, dans l'état de santé où je me trouve, ne voyant plus, n'ayant plus que quelques jours à vivre encore, je ne puis que confier à des mains amies, actives, dévouées, une œuvre dont il ne me sera pas donné de surveiller l'exécution. »

Jamin, secrétaire perpétuel de l'Académie des sciences, dont nous avons à déplorer la mort récente, termine ainsi l'éloge historique du savant roussillonnais, qu'il a prononcé le 23 février de l'année dernière. « Si le hasard des voyages vous conduisait à Perpignan, vous verriez la grande figure d'Arago sur la place publique de cette ville, et sur un des bas-reliefs du socle une scène de famille que l'étranger ne comprend plus. Une jeune femme penchée sur une table, attentive et émue, recueille, la plume à la main, les paroles d'un vieillard aveugle et attristé, c'est sa nièce,... celle qui a été plus qu'une fille, — Mme Laugier. — Inséparables dans la vie, le grand homme et son Antigone sont à jamais unis dans notre reconnaissance. »

L'apparition de l'*Annuaire du Bureau des longitudes* qui, actuellement, passe comme un fait sans importance, du moins pour la masse du public, était, au temps d'Arago, un événement extraordinaire. On attendait avec impatience cet annuaire pour y lire la notice nouvelle que le directeur de l'Observatoire composait à cette occasion. Dans le discours que M. Janssen a prononcé à Perpignan, lors de l'érection de la statue du grand homme dont nous célébrons aujourd'hui le centenaire, nous voyons que « une année, l'*Annuaire* parait sans notice. La presse s'émeut et se fait l'écho de la mauvaise humeur du public. On va même jusqu'à prétendre que le Bureau a manqué aux devoirs qui lui sont imposés par son règlement. Arago comprit combien, au fond, était flatteur pour lui ce sentiment exprimé, il est vrai, d'une manière si inexacte et si peu admissible; il s'exécuta, et fit paraître, à part, une notice qui fut donnée gratuitement à tout acheteur de l'*Annuaire*. » C'est surtout le vulgarisateur de la science, le professeur d'Astronomie populaire que l'*Association polytechnique des Pyrénées-Orientales* veut aujourd'hui fêter. Il est certain que si Arago vivait de notre temps, c'est sous son haut patronage que notre société se serait placée, et toute la vie de ce grand homme, prouve que non-seulement il aurait accepté d'y être à la place d'honneur, mais qu'il aurait tenu à y prendre une part active. — Dépouillant pour une fois leur modestie habituelle, les professeurs, les conférenciers de l'Association polytechnique peuvent dire que s'ils n'ont pas au front le génie nécessaire

(*)

pour découvrir, pour inventer la vérité, ils ont, comme Arago, au fond du cœur, le même feu sacré pour combattre l'ignorance et répandre autour d'eux les bienfaits de l'instruction.

Une des notices concerne *l'éclipse totale de soleil du 8 juillet 1842*, qui a été observée à Perpignan, sur la terrasse de la Citadelle, par Arago et quelques autres astronomes, tels que Laugier et Mauvais. Ce fut la première fois que les protubérances du soleil furent bien observées et que leur nature fut exactement dévoilée. Quoique le grand astronome ait, par modestie, publiquement refusé l'honneur de les avoir découvertes, parce que de vagues descriptions en avaient été données avant lui, le monde savant les lui attribue pour en avoir signalé l'importance.

Mesdames, Messieurs,

Les découvertes de François Arago dans le domaine des sciences physiques sont, avec les mesures de la méridienne, ses principaux titres de gloire. Arago et Gay-Lussac ont fondé et publié pendant vingt-cinq ans, de 1815 à 1840, les *Annales de chimie et de physique*. En compulsant les divers volumes de cette publication, on est frappé de la variété et de l'importance des inventions dont l'humanité est redevable à notre illustre compatriote. Tout le monde sait que la physique se divise en cinq chapitres parfaitement distincts : la pesanteur, la chaleur, l'acoustique, l'électricité et magnétisme, l'optique. Chacun d'eux a été enrichi des découvertes ou des résultats des travaux d'Arago. Avec Dulong, il étudie la compressibilité des gaz et démontre que la *loi de Mariotte* est applicable à l'air sec jusqu'à ce que sa pression puisse tenir en équilibre une colonne de mercure de 26 mètres de hauteur. — Avec le même collaborateur, sur la prière de l'Académie des sciences, il détermine la loi suivant laquelle varie la *tension de la vapeur d'eau* lorsque la température s'accroît ; cette expérience était importante parce qu'elle résumait toutes les propriétés de la chaleur, et dangereuse parce qu'elle imposait le devoir d'affronter la force inconnue d'une puissance vraiment redoutable. « Les observateurs conscients du danger, silencieux et résignés, dit Jamin, terminent sans accident les mesures qu'ils avaient commencées. — A vingt-sept atmosphères l'eau fuyait par tous les joints, et la vapeur s'échappait à toutes les fissures de la chaudière avec un sifflement de mauvais augure. On sait qu'Arago aimait à mêler des récits plaisants aux circonstances les plus graves. — Un jour, pendant une visite, la dernière que je lui fis, car déjà l'on désespérait de sa vie, il me raconta la scène que je viens de décrire, pour ainsi dire sous sa dictée. « Un seul être, « disait-il, qui nous tenait compagnie, avait conservé sa sérénité et « dormait tranquille, c'était le chien de Dulong, on le nommait « Omicron. »

En acoustique, toujours d'après l'invitation de l'Institut, il fit, avec plusieurs de ses collègues de l'Académie, une nouvelle détermination de la *vitesse du son dans l'air,* en évaluant le temps que met le bruit du canon à parcourir l'espace connu entre Villejuif et Montlhéry.

Dans l'électro-magnétisme, ses expériences avec Ampère ont puissamment contribué à achever l'une des plus grandes conquêtes de l'esprit humain, l'invention du *télégraphe ;* elles ont montré la possibilité d'établir partout des fils électriques qu'on pourrait appeler les nerfs du globe terrestre, puisqu'ils permettent de transmettre, dans une durée inappréciable, à toutes les distances, une impression reçue en un point quelconque de leur parcours.

Sans le secours d'aucune collaboration, il découvre le *magnétisme de rotation* qui devait amener Faraday à l'invention des courants d'induction et qui, par suite, contenait en germe cette lumière électrique dont vous pouvez admirer, pendant ces fêtes, les magnifiques effets. Il établit enfin que les *aurores boréales* sont des effluves électriques circulant dans les parties élevées de l'atmosphère, orientées suivant l'aimant terrestre et agissant sur la boussole.

Les théories de l'optique subirent, à cette époque, des transformations importantes, grâce aux découvertes de Malus, Arago et Fresnel.

L'hypothèse de l'*émission* qui avait trouvé dans l'immortel Newton un défenseur opiniâtre et que Biot essayait de soutenir encore, faisait place à la conception des *ondes lumineuses.* Malus venait de découvrir la *polarisation* de la lumière qui a traversé un cristal biréfringent. Arago commence par chercher comment la lumière naturelle peut devenir polarisée, et il trouve que c'est toujours après un mode de division en deux parties rigoureusement égales : voilà une loi physique qui est encore enseignée, de nos jours, sous le nom de *loi d'Arago.* Cette étude fournit immédiatement au savant deux conséquences pratiques, d'abord qu'en regardant à travers un polarisateur la surface d'un lac, d'une mer, on apercevra dans l'une des images le ciel réfléchi, et dans l'autre le fond de l'eau avec ses poissons, ses plantes, ses coquillages, ses écueils, — en second lieu, que la même analyse appliquée à la lumière du soleil, de la lune, des planètes, indiquera la nature du corps lumineux ou éclairé ; c'est ainsi qu'on peut conclure que le soleil est une flamme, une atmosphère incandescente entourant un noyau solide, sombre, presque froid ; que la lune est dépourvue d'eau et d'air à sa surface, que les planètes sont, au contraire, des corps sur lesquels peuvent naître et se développer une flore et une faune analogues à la flore et à la faune terrestres. Avant que Kirchhoff et Bunsen aient introduit dans l'étude de la constitution physique des corps célestes le procédé si précieux de l'analyse spectrale, la découverte précédente du savant Roussillonnais avait fourni, à ce sujet, des indications sûres.

Peu de temps après, en 1841, Arago étudia le passage de cette lumière polarisée à travers le mica, le gypse, le spath, le quartz, taillés en lames minces, et remarqua la présence, dans les deux images distinctes, de deux couleurs complémentaires : ce phénomène curieux, dont l'ensemble constitue la *polarisation colorée*, est connu sous le nom de *phénomène d'Arago*. On a l'habitude, dans les cabinets de physique, pour rendre cette expérience plus sensible, de transformer en lames colorées des plaques parfaitement incolores sur lesquelles on a gravé un dessin quelconque ; le motif que l'on représente le plus et que l'on conserve encore comme un souvenir précieux du maître, est le nom d'Arago entouré d'une couronne de lauriers. On y imite sa signature, dont le paraphe a la singularité de reproduire une seconde fois par transparence le nom qui l'accompagne.

Poursuivant ses recherches sur le même sujet, il découvre la *polarisation rotatoire*, dont les conséquences pratiques ont été recherchées utilement par Fresnel et Biot.

Vous savez, Mesdames, Messieurs, que Fresnel, ingénieur ordinaire des ponts et chaussées, tombé en disgrâce à cause d'une manifestation politique, fut deviné, encouragé, soutenu et appelé à Paris par Arago, qu'une vive amitié a toujours réuni ces deux savants et que, pour ce fait, la mémoire d'Arago bénéficie d'une part morale dans les inventions que la science doit à Fresnel.

Les nombreux mémoires d'Arago sur la *photométrie* et la *scintil-*

lation des étoiles, ses travaux en collaboration de Fresnel sur l'éclairage des *phares* ont d'ailleurs été d'une utilité incontestable et immédiate. En 1815, Fresnel ayant écrit à Arago pour lui présenter son mémoire sur la diffraction, reçut une réponse dont je détache le post-scriptum. « Je vous prie de supprimer désormais de vos adresses le titre de chevalier de la Légion d'honneur qui ne m'appartient plus, et celui de secrétaire du Bureau des longitudes qui, depuis longtemps, a été donné à une autre personne; vous voyez que je compte bientôt recevoir de vos nouvelles. » Arago, en effet, avait été nommé chevalier de la Légion d'honneur pendant les Cent jours; il ne fut réintégré dans les cadres de l'ordre qu'en 1819; il fut nommé officier en 1825, commandeur en 1837, et grand officier en 1849; mais il ne pensa jamais à tirer aucun sujet de vanité de ces distinctions honorifiques.—Le 10 avril 1840, M. Duchâtel avait écarté Arago du jury de l'Exposition. Thénard, comme président de ce jury, fut obligé d'écrire à notre illustre compatriote pour le prier de venir à son aide. Il s'exprime ainsi :

« Mon cher ami,

« Vous le voyez, nous avons besoin de vos lumières; nous ne pouvons prononcer sans vous sur le mérite des *chronomètres et des lunettes*. Ayez donc la bonté, je vous prie, de nous donner les renseignements qui nous sont nécessaires. Le jury s'en rapportera à votre déclaration; c'est vous qui serez juge, vous seul pouvez l'être. »

Je n'ai pas à analyser, Messieurs, le rôle qu'a joué Arago dans nos assemblées politiques comme député en 1830 ou comme ministre de la marine et des colonies en 1848, mais je ne puis pas passer sous silence les magnifiques discours qu'il a prononcés, en cette qualité, sur la réforme de l'enseignement, sur les chaudières à vapeur, sur les chemins de fer et les télégraphes électriques, sur les travaux à effectuer à Port-Vendres, sur la construction de la route de Mont-Louis, sur une demande, due à son initiative, de récompense nationale en faveur de Daguerre, l'inventeur de la photographie, et de l'ingénieur Vicat, inventeur des chaux hydrauliques et des ciments artificiels, sur l'impression des œuvres de Fermat et de Laplace, sur l'acquisition, par l'État, du musée de Cluny, sur les projets destinés à rendre la Seine navigable. C'est grâce à lui que Papin est rentré dans la gloire que son invention lui méritait, c'est grâce à lui que l'on a connu, qu'un autre français, Jouffroy, de Baume-les-Dames, a inventé les bateaux à vapeur bien avant Fulton. A cette époque, la France était au-dessous de l'Angleterre et de l'Allemagne pour les arts de précision ainsi que pour les grandes constructions des machines à vapeur, depuis l'impulsion donnée par Arago, aussi grand par le patriotisme que par la science, à ces travaux nationaux, nos observatoires, nos ateliers sont munis d'instruments et de machines d'origine fran-çaise. C'est avec des instruments français, fabriqués par Bréguet, que Fizeau et Foucault ont pu, sur les indications de notre illustre compatriote, calculer la vitesse extraordinaire de la lumière, non plus, comme auparavant, sur des observations célestes, mais par des mesures effectuées sur la surface de la terre.

Cormenin, dans le *Livre des orateurs*, qui a été si sévère pour ses contemporains, et n'a guère exposé que les défauts de leurs quali-tés, — ce qui justifie le pseudonyme de Timon dont il a signé son ouvrage, a fait, en faveur d'Arago, une exception remarquable. « Lorsque Arago monte à la tribune, dit-il, la Chambre, attentive et curieuse, s'accoude et fait silence ; les spectateurs se penchent pour le voir. Sa stature est haute, sa chevelure est bouclée et flottante et sa belle tête méridionale domine l'Assemblée.—A peine est-il entré en matière, qu'il attire et qu'il concentre sur lui tous les regards. Le voilà qui prend, pour ainsi dire, la science entre ses mains ! Il la dépouille de ses asperités et de ses formules techniques, il la rend si perceptible que les plus ignorants sont aussi étonnés que char-més de le comprendre. — Il y a quelque chose de lumineux dans ses démonstrations, et des jets de clarté semblent sortir de ses yeux, de sa bouche et de ses doigts. — Lorsqu'il se borne à narrer les faits, son élocution n'a que les grâces naturelles de la simplicité, mais, si, face à face de la science, il la contemple avec profondeur pour en visiter les secrets et en étaler les merveilles, alors son admiration commence à prendre un magnifique langage, sa voix s'échauffe, sa parole se colore et son éloquence devient grande comme son sujet. »

Les travaux d'Arago ont été justement appréciés de son temps, mais il était impossible que son indépendance de caractère, que son immense patriotisme, que l'importance même de ses découvertes ne finissent par lui susciter des contradicteurs plus ou moins hostiles dont les plaintes devaient être favorablement accueillies dans les journaux ministériels de l'époque, dans les feuilles étrangères, dans les écrits de ses concurrents.

« Celui à qui il faut une grande place (c'est Arago lui-même qui parle) dans le monde matériel ou dans le monde des idées doit s'attendre à y trouver pour adversaires les premiers occupants. Les petites choses et les petits esprits ont seuls le privilège de trouver, à point nommé, des petites cases dont personne ne songe à leur disputer la possession. »

Young avait élevé des réclamations de priorité contre Fresnel, malgré les protestations d'Arago en faveur de son ami, mais entre des savants tels que Young et Arago il ne pouvait pas survivre des sentiments autres que ceux d'une estime réciproque, aussi, lorsque Young fut nommé un des huit membres étrangers associés à l'Acamie des sciences, écrivit-il à Arago une lettre de remerciements d'où je détache le passage suivant : « Si quelque chose pouvait ajouter à la valeur d'une distinction aussi flatteuse, ce serait la connaissance de la devoir principalement à la bonne opinion d'un juge aussi bienveillant et aussi instruit que vous. » Arago avait eu, d'ailleurs, l'occasion, en écrivant à l'illustre physicien anglais, de se poser « comme une personne qui a publiquement, sans réserves, en maintes circonstances, professé l'admiration la plus profonde pour ses travaux et son caractère. »

Un autre savant anglais, Brewster, a été un contradicteur célèbre de François Arago ; cela n'a pas empêché ce dernier de le faire élire encore un des huit membres associés de l'Institut de France, ni Brewster de répondre « il n'est pas nécessaire de vous dire combien j'attache de prix à cet honneur, et parce qu'il donne à mes travaux scientifiques l'approbation de l'Académie la plus distinguée du monde, et parce que je le dois à la recommandation de M. Biot et de vous-même dont les brillantes découvertes dans le même champ où il a été de mon lot de travailler ont formé avec celles de Fresnel une époque dans l'histoire des sciences physiques. » Des hommes tels que Young, Brewster, Fresnel, Biot et Arago ont eu, parfois, des dissentiments passagers, sans qu'ils aient pu altérer l'admiration que chacun d'eux témoignait pour la découverte des autres.

L'influence d'Arago à l'Académie des sciences était incontestable.

On l'appelait *le grand Électeur*. Le *Journal des Débats* et *la Presse*, qui n'avaient aucune raison pour le ménager, enregistraient avec empressement les doléances des vaincus dans les scrutins de l'Institut. Notre illustre compatriote ayant concouru à l'élection de Liouville contre de Pontécoulant, le candidat malheureux s'en prit à Arago, mais il faut lire la réponse qu'il reçut. Relevant les fautes contenues dans les écrits de Pontécoulant, Arago s'exprime ainsi : « Qu'on dise ce qu'on voudra, il y a certainement quelque chose d'antique à se poser ainsi seul, absolument seul, contre l'unanimité de tous les géomètres passés, présents, j'allais dire futurs, et, qui plus est, contre un véritable axiome. » Il faut le voir mettre en pièces la « mécanique Pontécoulanienne », récapituler « un si grand nombre de non-sens, d'erreurs étonnantes, de colossales bévues que, n'osant en croire ses yeux, le lecteur éprouve incessamment le besoin de revenir au titre, afin de s'assurer qu'il lit réellement l'ouvrage d'un membre de la Société royale de Londres et de l'Académie des sciences de Berlin. » « Je faisais, continue-t-il, une corne à chaque feuillet où je voyais plusieurs grosses erreurs, ne voilà-t-il pas que tous les feuillets sans exception ont deux cornes, une pour le verso, l'autre pour le recto; il faut donc que je m'arrête, sauf à reprendre cet inépuisable sujet, si les circonstances l'exigent », et ailleurs : « La ville de Paris vient de fonder une excellente école supérieure, on y est reçu à tout âge. »

Il termine enfin « M. de Pontécoulant a mis ma longue expérience en défaut; je n'aperçois pas même un léger prétexte qui puisse expliquer, justifier, excuser sa mauvaise publication. Tout bien examiné, son *Précis d'Astronomie* est un effet sans cause. »

Arago se considérait, avec raison, comme le guide, le protecteur naturel, le défenseur, au besoin, des jeunes gens qui, sous sa direction, travaillaient à l'avancement des sciences dans le Bureau des longitudes, à l'Observatoire; c'est ainsi qu'il a puissamment aidé de ses lumières Leverrier, *découvrant au bout de sa plume* une nouvelle planète, Neptune.

Lorsque le baron de Zach publia, à Gênes, une correspondance où il se permit d'insérer que les membres du Bureau des longitudes de France en corps, les rédacteurs de la *Connaissance du temps* « sont des hommes qui se font un jeu de l'honneur, de la loyauté et de la bonne foi de leurs devoirs », il s'attira de la part du directeur de l'Observatoire une réponse sans réplique possible. Mais il faut ajouter que, quelque temps après, M. de Zach étant malade, crut avoir besoin des soins d'un médecin français, Civiale, qui hésitait à aller à Berlin. Arago accourt chez le docteur, son ami, et l'oblige à partir de peur qu'on ne crût que Civiale ne refusât d'aller soigner le baron de Zach que parce qu'il avait injurié Arago et les astronomes français. « Ce serait, lui dit-il, indigne de vous et de moi. »

En résumé, depuis 1805 jusqu'en 1853, Arago a composé quarante-sept notices biographiques, cinquante-six mémoires sur des faits nouveaux qu'il a découverts ou éclairés, soixante-trois rapports à l'Académie des sciences, au Bureau des longitudes ou à la Chambre des députés, sur des sujets d'une variété infinie, mathématiques, arts de précision, sciences physiques, météorologie, constructions, voyages scientifiques, ascensions aérostatiques, etc ; il a rédigé et professé son *Traité d'Astronomie populaire*, et, comme secrétaire perpétuel, a prononcé dix discours funéraires ; il est monté à la tribune française cinquante-trois fois, pour des questions où la science faisait le point principal ; il a publié des notes très nombreuses dans la *Connaissance des temps*, l'*Annuaire du Bureau des longitudes*, les *Annales de chimie et de physique*, les *Comptes rendus de l'Académie des sciences*, le *Bulletin de la société philomatique*, ce qui forme un total de cinq cents écrits divers.

Il est le premier Français qui ait obtenu la médaille que la société royale de Londres décerne chaque année pour les plus belles découvertes en physique et en chimie, et il l'a obtenue à l'unanimité des suffrages ; il était associé à toutes les sociétés savantes étrangères ; il était membre de tous les ordres européens, et s'il n'avait pas voulu n'appartenir qu'à l'Académie des sciences, il aurait été membre de l'Académie française, car, suivant une expression heureuse d'un de ses biographes, « il possédait les secrets de la langue aussi bien que les secrets des cieux. »

« Il était doué, dit Jamin, d'une clairvoyance sans pareille, devinant les découvertes avant de les faire, les ébauchait, mais n'avait pas la patience des détails ; il ouvrait les mines sans les exploiter, commençait les travaux sans les poursuivre. Sa curiosité première une fois satisfaite, il se livrait à des curiosités nouvelles. Il ressemblait à un voyageur pressé qui parcourt une contrée vierge, lui donne un nom et se hâte vers des horizons plus lointains. Tous les

(**)

phénomènes excitaient son imagination sans la fixer plus longtemps. Expérimentateur par inspiration, découvreur par instinct, il avait trop de passion, trop peu de loisir, trop de fertilité dans l'esprit, pas assez de persévérance obstinée qui achève ce qui est commencé. Que d'autres se contenteraient de pareils défauts ! »

Sur les faces du monument qu'une souscription nationale lui a élevé à Paris, on a gravé les inscriptions suivantes qui relatent les principaux faits de sa vie :

PROLONGATION DE LA MÉRIDIENNE
POLARISATION COLORÉE
MAGNÉTISME DE ROTATION
MÉTHODE ET OBSERVATIONS PHOTOMÉTRIQUES

Né à Estagel le 26 février 1786 — membre de l'Institut 1809 — du Bureau des longitudes 1812 — Secrétaire perpétuel de l'Académie des sciences 1830 — Directeur de l'Observatoire 1843 — mort à Paris le 2 octobre 1853 ;

Membre de la Chambre des députés 1831-1848 — du Conseil municipal de Paris 1830-1851 — du Gouvernement provisoire et président de la Commission exécutive 1848.

Mesdames, Messieurs,

Mon excellent collègue, M. Pagès, vous dira mieux que je ne saurais le faire, quelle immense place ont occupé dans la vie d'Arago la conquête et la défense de nos libertés publiques. Comment notre illustre compatriote a-t-il pu, au milieu de la tourmente politique, trouver suffisamment de calme d'esprit pour continuer ses travaux aussi importants que variés ? Il a fallu qu'il fût bien merveilleusement servi par une intelligence extraordinaire. Alexandre de Humboldt qui « était fier de penser que, par son tendre dévouement et par la constante admiration qu'il a exprimés pour Arago dans tous ses ouvrages, il lui a appartenu pendant quarante-quatre ans, et que son nom sera quelquefois prononcé à côté de ce grand nom » a donc eu bien raison de dire que c'était *le plus noble cœur et la plus forte tête de l'époque.*

CONFÉRENCE DE M. ÉMILE PAGÈS

Professeur de Philosophie au Collège.

MESSIEURS,

Certains hommes se sont élevés si haut dans la province de la gloire qu'ils ont fini par atteindre une région inaccessible aux attaques de leurs anciens adversaires. Ils y reçoivent les hommages de tous les partis, quelle que soit leur œuvre, parce que ç'a été une œuvre humaine, quelque opinion qu'ils aient professée, parce que cette opinion reposait sur l'amour de la patrie et de la liberté.

C'est parmi eux que ses contemporains, devançant les jugements de la postérité, avaient placé le grand citoyen que nous fêtons aujourd'hui, DOMINIQUE-JEAN-FRANÇOIS ARAGO.

J'ai, peut-être, trop présumé de mes forces en essayant de vous parler des idées et du rôle politiques d'Arago. J'ai repris confiance en songeant que je n'épuiserais pas le sujet, quel que fût mon succès, et que, si j'échouais, je ne tarirais pas davantage votre admiration.

Sans entrer dans le détail des anecdotes et des traits de dévouement qui fourmillent dans la vie de notre héros et sont tout à son honneur, j'ai cru qu'on pouvait, peut-être, éclairer mieux encore sa physionomie en le replaçant dans le milieu où il a vécu, en le suivant pas à pas depuis les journées de juillet 1830 jusqu'au 2 décembre 1851, à travers le drame dont il a été l'un des acteurs.

Sans doute Arago avait déjà manifesté ses préférences dans sa jeunesse : en 1804, à l'École polytechnique, lorsqu'il se prononça contre le Consulat à vie ; en 1814, lorsqu'il refusa les propositions de Napoléon, qui voulait partir avec Monge et lui en Amérique, pour s'y consacrer à la science. Mais ce n'est qu'à partir de 1830 qu'Arago prit une part active à la politique.

Le 26 juillet, Arago devait prononcer à l'Académie des sciences l'éloge du célèbre physicien Fresnel. Mais, le jour même, parurent au *Moniteur* les fameuses Ordonnances qui, au mépris de la Charte, supprimaient la liberté de la presse, décrétaient la dissolution de la

Chambre et altéraient profondément le système électoral. Arago avait renoncé à prendre la parole, au milieu du deuil des libertés publiques. Mais ses collègues, craignant pour l'Académie l'effet de cette muette protestation, insistèrent auprès du nouveau secrétaire perpétuel et le décidèrent à prononcer son éloge. Arago le fit, sans en retrancher une ligne, et quoique il y eût entremêlé de courageuses allusions aux luttes du moment. Il montra avec une audace imperturbable, et à la veille des journées de Juillet, la nécessité d'exécuter strictement la Charte de 1814, si on ne voulait pas rouvrir la carrière des révolutions. Il montra cette Charte violée depuis le commencement du règne, les espérances de Fresnel déçues, et le noble refus du savant quand un ministre vint lui proposer de sacrifier à la promesse d'un poste important son amour pour la République.

Les applaudissements des spectateurs rendaient plus dangereuse encore la conduite d'Arago, et Marmont put dire à son ami, après la séance : « Prenez garde que je n'aille demain prendre de vos nouvelles à Vincennes. » Le lendemain, le peuple s'armait pour la défense de ses droits, et Charles X prenait honteusement la fuite.

Arago salua, comme tous les libéraux de son temps, dans la révolution de Juillet, la consécration définitive des principes et des droits inscrits dans la Déclaration de 1789. Il pensait que la royauté, issue de l'insurrection, entourée d'institutions populaires, n'avait rien d'incompatible avec les principes d'une sage liberté. Il se rallia, non sans quelque défiance, au système gouvernemental qu'il devait appeler, plus tard, le système de la *quasi-légitimité*. Quelques mois de ce gouvernement suffirent pour lui enlever toutes ses illusions. Quand il vit le pouvoir violer les droits de la presse, soutenir l'hérédité de la pairie, se déshonorer au dehors par d'étranges faiblesses, étouffer au dedans l'initiative parlementaire au lieu d'en faire la base d'un régime constitutionnel, il se jeta dans les rangs de l'Opposition.

C'est à l'extrême-gauche qu'il prit place, en effet, dès son arrivée à la Chambre des députés, le 5 juillet 1831. Élu par deux collèges à la fois, par celui du XIIᵉ arrondissement, à Paris, et par celui de Perpignan, il avait opté pour sa ville natale.

La première fois qu'il parla à la Chambre, le 13 août 1831, ce fut pour montrer le rôle de l'autorité dans toutes les émeutes, la part qu'elle y prenait à l'aide de ses agents secrets, et pour flétrir un gouvernement qui vivait de ces infamies.

Le 28 mai 1832, Arago signait le compte rendu par lequel les membres de l'Opposition exposaient aux électeurs leurs griefs contre le pouvoir et la nécessité d'une réforme.

Huit jours à peine s'étaient écoulés quand, par une fâcheuse coïncidence, éclata l'insurrection des 5 et 6 juin 1832. Au milieu des scènes de carnage qui ensanglantaient la capitale, Arago, Laffite et Odilon Barrot, délégués par leurs collègues, vont trouver le roi pour lui démontrer que le moment était favorable pour réparer les fautes commises et calmer l'irritation générale. Ils lui représentent qu'il y aurait sagesse à donner le triomphe des lois pour point de départ à un changement de système, reconnu nécessaire, que la guerre civile en Vendée, la guerre civile à Paris et l'agitation de tous les partis démontraient assez combien était condamnable le système inauguré le 13 mars par Casimir Périer.

Le roi, qui sentait qu'il allait triompher de l'insurrection, ne puisait dans l'attente de la victoire qu'une plus amère répugnance contre toute promesse de liberté et une opiniâtreté dans la résistance, d'autant plus obstinée qu'elle était plus combattue.

A cette heure de déceptions, Arago en vint presque à regretter d'être descendu dans l'arène politique. « Aussitôt, disait-il au roi, que l'état du pays me permettra de quitter, sans déshonneur, les fonctions législatives auxquelles la confiance de mes concitoyens m'a appelé, je me livrerai, sans partage, aux travaux scientifiques que j'eusse dû, peut-être, ne pas abandonner, et dans lesquels je n'ai rien à attendre que de mes propres efforts. »

Mais la politique ne laisse point échapper aussi aisément ceux qui se sont une fois laissé prendre dans son engrenage. N'était-ce pas, d'ailleurs, un devoir pour un patriote de rester à la Chambre pour protester contre les abus du pouvoir et appeler sur eux l'attention du pays?

Aussi bien les connaissances d'Arago le mettaient à même d'éclairer la Chambre sur une foule de questions, qui demandaient autre chose que ce qu'on est convenu d'appeler les aptitudes politiques. C'est ainsi qu'il fut amené à prendre la parole sur la création des chemins de fer et des télégraphes électriques, sur l'armement des troupes et les différents budgets de la guerre, de la marine et de l'instruction publique. Il traita à la tribune, le 19 avril 1833, de la colonisation de l'Algérie ; le 31 avril 1834, de l'organisation des Écoles militaires ; le 1er juin 1835, de l'Observatoire de Paris ; le 27 février 1836, de l'influence du déboisement sur les climats.

Mais son principal succès, en ce genre, fut son discours du 23 mars 1835, sur l'enseignement. Il y agita des réformes qui sont encore l'objet des études et des discussions de notre temps.

C'est d'abord une question de liberté qu'examine Arago. La loi venait d'autoriser la création d'écoles secondaires communales, c'est-à-dire de collèges. Mais elle laissait, d'autre part, aux particuliers, la liberté de fonder des collèges particuliers. Elle n'intervenait, en rien, dans les programmes de ces derniers, tandis qu'elle réglait l'enseignement des collèges communaux. « Comment, dit Arago, n'accorderait-on pas au zèle, à la capacité, à l'intelligence des Conseils municipaux, ce qu'on a accordé, sans difficulté, à un simple individu ? »

Si la centralisation est bonne en politique, elle est déplorable quand il s'agit d'administration et d'instruction, au moins d'instruction secondaire et supérieure.

Mais, si on livre l'organisation des collèges communaux au libre arbitre des conseillers municipaux, il arrivera, pour quelques-uns de ces collèges, qu'on y supprimera le grec et le latin. Sera-ce un grand malheur ?

« Les lettres grecques et latines, nous dit-on, doivent être le principal.

« Qu'est-ce dire ? Pascal, Fénélon, Bossuet, Montesquieu, Rousseau, Voltaire, Corneille, Racine, Molière, l'incomparable Molière, seraient privés du privilège, si libéralement accordé aux anciens auteurs, d'éclairer, de développer l'esprit, d'émouvoir le cœur, de faire vibrer les ressorts de l'âme !

« Sans latin et sans grec, nous dit-on encore, aucune intelligence ne se développe.

« Messieurs, au milieu des passions politiques les plus exaltées, il est un point sur lequel aucune dissidence d'opinion ne s'est jamais montrée ; je veux parler de la force de tête, de l'intelligence incomparable du grand homme qui est mort à Sainte-Hélène ; eh bien, ce grand homme, Napoléon, ne savait pas le latin ! »

Béranger ne savait pas le latin ; Shakespeare, le plus grand poète de l'Angleterre, ne savait pas le latin ; La Fontaine ne savait pas le grec !

On prétend qu'on ne sait jamais sa langue quand on n'a pas appris une langue étrangère. D'abord on ne proscrit pas l'enseignement des langues vivantes ; et puis, « cette proposition est très contestable. Qu'on me dise, en effet, quelle langue étrangère Homère, Euripide, Aristote, Platon, avaient apprise ; ils étaient devenus d'immortels écrivains en apprenant simplement le grec. »

Qu'on laisse le grec et le latin à certains lycées, aux Facultés......, « j'ajoute qu'il serait peut-être bon que l'Université s'occupât d'enseigner le latin et le grec par des moyens plus abrégés que ceux dont on fait usage aujourd'hui. Il faut huit ou neuf ans pour étudier le latin comme on l'enseigne dans les collèges ; c'est beaucoup trop long ; on devrait enseigner le latin et le grec comme on enseigne l'allemand. L'allemand est une langue compliquée qui n'a pas beaucoup d'analogie avec la nôtre. Il n'est pourtant pas d'intelligence, tout simple qu'elle soit, qui n'apprenne l'allemand dans deux années d'une manière satisfaisante..... »

« On craint, d'autre part, que les études scientifiques, trop précoces et trop approfondies, faussent et retrécissent l'esprit. On ajoute qu'elles dessèchent le cœur, qu'elles énervent l'imagination. »

La réponse d'Arago à ces étranges assertions est contenue dans l'anecdote qui termine son discours et que vous me permettrez, Messieurs, de vous rapporter tout au long :

« Euler, le grand Euler était très pieux ; un de ses amis, ministre dans une église de Berlin, vint lui dire un jour :

« La religion est perdue, la foi n'a plus de base, le cœur ne se laisse plus émouvoir même par le spectacle des beautés, des merveilles de la création. Le croiriez-vous ? J'ai représenté cette création dans tout ce qu'elle a de plus beau, de plus poétique et de plus merveilleux ; j'ai cité les anciens philosophes et la Bible elle-même : la moitié de l'auditoire ne m'a pas écouté, l'autre moitié a dormi ou a quitté le temple. »

« Faites l'expérience que je vais vous indiquer, repartit Euler : « Au lieu de prendre la description du monde dans les philosophes grecs ou dans la Bible, prenez le monde des astronomes ; dévoilez le monde tel que les recherches astronomiques l'ont constitué. Dans le sermon qui a été si peu écouté, vous avez probablement, en suivant Anaxagoras, fait du soleil une masse égale au Péloponèse. Eh bien, dites à votre auditoire que, suivant des mesures exactes, incontestables, notre soleil est douze cent mille fois plus grand que la terre.

« Vous avez, sans doute, parlé de cieux de cristal emboîtés, dites qu'ils n'existent pas, que les comètes les briseraient. Les planètes, dans vos explications, ne se sont distinguées des étoiles que par le mouvement ; avertissez que ce sont des mondes ; que Jupiter est quatorze cents fois plus grand que la terre, et Saturne neuf cents fois ; décrivez les merveilles de l'anneau ; parlez des lunes multiples de ces mondes éloignés. En arrivant aux étoiles, à leurs distances, ne citez pas des lieues : les nombres seraient trop grands, on ne les apprécierait pas ; prenez pour échelle la vitesse de la lumière ; dites qu'elle parcourt quatre-vingt mille lieues par seconde : ajoutez ensuite qu'il n'existe aucune étoile dont la lumière nous vienne en moins de trois ans ; qu'il en est quelques-unes à l'égard desquelles on a pu employer un moyen d'observation particulier, et dont la lumière ne nous vient pas en moins de trente ans.

« En passant des résultats certains à ceux qui n'ont qu'une grande probabilité, montrez que, suivant toute apparence, certaines étoiles pourraient être visibles plusieurs millions d'années après avoir été anéanties ; car la lumière qui en émane emploie plusieurs millions d'années à franchir l'espace qui les sépare de la terre. »

Tel fut, Messieurs, en raccourci, et seulement avec quelques modifications dans les chiffres, le conseil que donnait Euler.

Le conseil fut suivi : au lieu du monde de la fable, le ministre découvrit le monde de la science. Euler attendait son ami avec impatience. Il arrive, enfin, l'œil terne et dans une tenue qui paraissait indiquer le désespoir. Le géomètre, fort étonné, s'écrie : Qu'est-il donc arrivé ?

« Ah ! Monsieur Euler, répondit le ministre, je suis bien malheureux ; ils ont oublié le respect qu'ils devaient au saint temple, ils m'ont applaudi. »

Vous le voyez, Messieurs, le monde de la science était de cent coudées plus grand que le monde qu'avaient rêvé les imaginations les plus ardentes. Il y avait mille fois plus de poésie dans la réalité que dans la fable. »

Le ministère s'opposa naturellement à cette réforme essentiellement libérale, si conforme aux progrès du siècle et aux besoins nouveaux des sociétés modernes. Heureux s'il s'en fut tenu à ces luttes parlementaires, qui, du moins, ne laissaient pas de traces sanglantes et pouvaient être reprises par l'Opposition sans danger pour la sécurité de la patrie ! Mais, parmi les nombreux ministères qui se succédaient du 13 mars 1831 au 29 octobre 1840, et dans lesquels il ne s'agissait que « de jouer le même air tout en le jouant mieux », de Casimir Périer à Guizot, à travers Thiers, de Broglie. Soult et Molé, c'était à qui ferait oublier au pouvoir son origine révolutionnaire en poursuivant les partisans de la révolution, c'est-à-dire les défenseurs de la liberté de la presse et du droit de réunion.

C'est pendant cette période, le 4 août 1835, que la Chambre des députés fut appelée à voter ce qu'on a flétri depuis sous le nom de *lois de septembre*. La première permettait au Pouvoir exécutif de créer autant de Cours d'assises que le besoin l'exigerait pour juger les citoyens accusés de rébellion et donnait au président de la Cour d'assises le droit de faire amener de force les accusés qui troubleraient l'audience et de faire passer outre aux débats en leur absence.

La deuxième, relative au jury, réduisait de huit à sept la majorité de voix nécessaires pour la condamnation.

La troisième, relative à la presse, punissait de la détention et d'une amende de dix mille à cinquante mille francs l'offense à la personne du roi et toute attaque contre le principe du gouvernement. Il était défendu, sous des peines exorbitantes, de prendre la qualification de républicain ; il était défendu de parler du roi dans les journaux.

La presse bâillonnée, l'arbitraire partout, au pouvoir et dans le sanctuaire de la justice, tel était le résultat auquel aboutissaient les nombreuses prises d'armes des partisans de la liberté. Le roi se désintéressait honteusement des affaires de l'Europe pour ne veiller qu'aux troubles du dedans ; il ne désarmait à l'extérieur que pour mieux s'armer à l'intérieur. Quant à la haute bourgeoisie, à cette oligarchie de financiers et de marchands qui formait aux Chambres la majorité, elle avait trop peur pour elle-même de ses anciens alliés de Juillet pour ne pas s'en remettre au roi du soin de maintenir ce qu'on appelait l'*ordre légal*, — comme on devait dire, plus tard, l'*ordre moral*, — en envoyant dans les prisons et dans les bagnes cette « vile populace » qui menaçait leur monopole et leurs privilèges.

Le parti démocratique s'avisa un jour qu'il jouait un rôle de dupe. Il s'aperçut que toutes les insurrections auxquelles il avait pris part, que tout ce dévouement et cet héroïsme, dépensés depuis les journées de Juillet jusqu'à la fin de 1837, ne profitaient qu'à la bourgeoisie, ne servaient qu'à cimenter plus profondément l'alliance du tiers parti et de la royauté.

Il vit bien qu'il ne fallait plus compter sur les revendications à main armée : les épées tirées dans les jours de colère se retournaient contre lui. La victoire n'était plus possible qu'avec les seules armes de la loi. Mais il lui manquait, pour entreprendre cette œuvre, avec quelques chances de succès, une chose essentielle, l'organisation, un programme et des hommes pour le défendre.

Arago était l'homme qu'il fallait pour conduire l'entreprise. Admiré par les savants de l'Europe entière pour son génie scientifique, par le peuple pour son courage et son dévouement, respecté de tous, organisé pour la science et pour l'action, esprit essentiellement dominateur, puissant par l'intelligence et par la passion, il était aussi de ceux qui n'avaient pas transigé avec le despotisme.

Arago était donc un promoteur tout désigné pour l'œuvre pacifique et libératrice que les démocrates se proposaient d'accomplir.

Ce n'est pas qu'Arago eût toutes les qualités ou, si vous aimez mieux, les défauts qui sont nécessaires pour faire un *tribun*. « Il ne se déployait tout entier que devant un auditoire disposé à le comprendre et à l'aimer. »

L'auditoire de l'Académie des sciences lui convenait mieux que celui de la Chambre. Les contradictions l'étonnaient ou le blessaient. Il n'avait pas l'aisance orgueilleuse d'un Mirabeau au milieu des orages de la tribune. Tandis que le génie de Mirabeau ne se révélait que dans la lutte et que son éloquence grandissait dans le feu croisé des interruptions, le génie d'Arago ne savait pas se plier aux caprices de la Chambre. Accoutumé à l'exposition des grandes vérités scientifiques mûries dans la solitude, il ne connaissait pas ces artifices de langage qui triomphent d'une interruption et ces sophismes habiles qui tiennent souvent lieu de raisons, grâce à l'à-propos et au sang-froid avec lesquels on les débite.

Arago n'avait pas, non plus, en lui l'étoffe d'un chef de parti. Il n'avait pas ce don de l'intrigue qui sait « ménager prudemment ses alliances et ses ressources, se faire des créatures par un système suivi d'attentions prévoyantes et d'égards patients. » Et puis, être le chef d'un parti, c'est se faire l'esclave de son parti ; c'est renoncer à son originalité, à toute initiative qui pourrait compromettre l'union! Arago était trop indépendant pour se plier à ce rôle.

Quoi qu'il en soit, Arago se plaçait, dès ce moment, à la tête du parti démocratique. Son adhésion entraînait celle de ses amis, Laffite et Dupont (de l'Eure).

Il s'agissait de se mettre à l'œuvre. M. Molé venait de dissoudre la Chambre et la lice électorale s'ouvrait. Les radicaux invitèrent la Gauche dynastique, présidée par Odilon Barrot, à joindre ses efforts aux leurs. Mais on ne put s'entendre. Il y avait entre ces deux fractions de la Chambre une trop grande différence de principes. Dès lors, la scission fut complète, et les radicaux marchèrent seuls.

Un comité central fut constitué à Paris pour préparer les élections et obtenir, en groupant toutes les forces individuelles, une Chambre indépendante. On peut dire que, s'il ne parvint pas à modifier d'une manière sensible la majorité ministérielle, il prépara le triomphe de l'idée libérale en faisant sentir sur chaque point de la sphère électorale la présence et le souffle de la démocratie.

Dès lors, le parti républicain était fondé. Assurément les radicaux étaient peu nombreux à la Chambre. Mais ils avaient pour eux l'opinion publique. Leur meilleure fortune fut, peut-être, de rompre leur alliance compromettante avec l'opposition dynastique qui transigeait avec tous les ministères et méritait d'être appelée *la minorité de la majorité*.

Il s'agissait enfin de formuler le programme de parti. C'est encore Arago qui se chargea de ce soin.

La Chambre avait reçu un grand nombre de pétitions, signées par deux cent quarante mille électeurs, réclamant toutes la réforme radicale du système électoral adopté jusqu'alors.

Vous savez qu'il fallait avoir vingt-cinq ans pour être électeur et payer deux cents francs de contribution foncière. Il en fallait trois cents pour être éligible. C'est ainsi que des hommes comme Béranger, Lamennais, Châteaubriand, étaient exclus des collèges électoraux, tandis qu'un simple concierge y était admis.

Arago prit la parole pour défendre la cause des pétitionnaires

(16 mai 1840). Son discours a été justement appelé *le programme de la République.*

« ..... Quel est, disait-il, le principe fondamental de notre gouvernement?

« Avant la révolution de Juillet, c'était la légitimité : ce principe a disparu, moins dans les trois grandes journées qu'au moment de l'embarquement de Charles X, du duc d'Angoulême et du duc de Bordeaux.

« Je sais bien que le principe de la souveraineté populaire a semblé pouvoir devenir quelque peu dangereux, quelque peu embarrassant, quelque peu difficile à une fraction de cette Chambre connue par sa perspicacité et par la persistance de ses vues politiques; je sais qu'elle a tenté de substituer au principe de la souveraineté nationale le principe de la souveraineté de la raison.

« Je deviendrai grand partisan du principe de la souveraineté de la raison, si l'on me fait voir à quel signe certain on reconnaîtra la raison, à quel caractère on saura la distinguer de l'erreur.

« Les députés qui voulaient substituer au principe de la souveraineté nationale le principe de la souveraineté de la raison ne se rappelaient pas, sans doute, les paroles d'un homme dont la raison supérieure sera citée avec admiration dans tous les siècles.

« —On ne voit presque rien de juste ou d'injuste qui ne change de qualité en changeant de climat. Trois degrés d'élévation du pôle renversent toute la jurisprudence. Un méridien décide de la vérité; le droit a ses époques. Plaisante justice qu'une rivière ou une montagne borne! Vérité en deçà des Pyrénées, erreur au delà! »

« Revenons donc franchement au principe de la souveraineté nationale, au principe de notre gouvernement; il est inscrit dans la Charte, il est inscrit depuis dix ans dans tous nos actes, il est inscrit dans vingt discours des ministres..... »

« Platon disait : le monde est gouverné par les chiffres. Gœthe était plus dans le vrai quand il s'écriait : c'est par les chiffres qu'on apprend si le monde est bien gouverné. Eh bien, descendons aux chiffres, examinons de quelle manière les droits politiques sont répartis dans la nation, et nous reconnaîtrons si le principe de la souveraineté nationale est un vain assemblage de paroles sonores, ou s'il est en action dans le pays.

« La population de la France se compose de trente-quatre millions d'âmes, Sur trente-quatre millions d'âmes, il y a dix-sept millions d'hommes ; sur dix-sept millions d'hommes, d'après les tables de mortalité les plus exactes, il y a huit millions d'hommes de vingt-cinq ans et au-dessus.

« Combien avez-vous d'électeurs, sur huit millions d'hommes de vingt-cinq ans et au-dessus ? A peu près deux cent mille. Il y a, par conséquent, un électeur sur quarante hommes ayant vingt-cinq ans et au-dessus.

« Je soutiens, moi, que le principe de la souveraineté populaire n'est qu'un vain mot dans tout pays où, sur quarante hommes, on ne compte qu'un électeur.....

« Le corps électoral actuel est une imperceptible minorité par le nombre et par la nature de toutes les charges.

« Les pétitionnaires s'adressent à la Chambre au nom du droit. Le droit est imprescriptible, le droit ne périt pas pour avoir sommeillé pendant un grand nombre d'années. Le mot droit signifie ici justice : qui réclame au nom de la justice, réclame au nom d'une autorité invincible. Ce n'est pas la force, la violence, qui peuvent primer le droit.....

« J'arrive à la grande difficulté. On a dit que les citoyens en faveur desquels nous demandons le droit de suffrage, n'ont pas la capacité suffisante pour l'exercer. De quelle capacité entend-on parler ? Est-ce qu'on nous fait subir un examen ? Est-ce qu'on nous questionne sur Vattel, sur Puffendorf, sur Grotius, sur Montesquieu ? Permettez-moi de le remarquer, dans cette hypothèse les examinés ne seraient pas seuls insuffisants. La capacité qu'un électeur doit posséder, c'est celle de distinguer l'honnête homme du fripon, le bon citoyen de l'égoïste, l'homme désintéressé de l'ambitieux.

« Je maintiens, Messieurs, que cette capacité appartient tout aussi bien à la classe actuellement privée de droits politiques, qu'à la classe des censitaires à 200 francs. Écoutez, sur ce point, les paroles de Montesquieu : « Le peuple est admirable (ce sont ses propres termes), le peuple est admirable pour choisir ceux à qui il doit confier quelques parties de son autorité ; il n'a à se déterminer (veuillez bien remarquer ces paroles), il n'a à se déterminer que par des choses qu'il ne peut ignorer, et des faits qui tombent sous les sens ; il n'y a, pour s'en convaincre, qu'à jeter les yeux sur cette suite continuelle de choix étonnants que firent les Athéniens et les Romains..... »

« On a prétendu que le peuple, si on l'appelait à composer la Chambre nommerait toujours des hommes illettrés.....

« Une de nos Assemblées a été nommée par la généralité du peuple : c'est la Convention. (Ah ! ah ! Murmures). J'avoue, Messieurs, que je ne comprends pas le sens de cette improbation. Sous le règne de la Convention, il s'est passé, dans le pays, des choses déplorables, des choses contre lesquelles je ne trouverai jamais assez de malédictions, ni dans mon cœur ni dans ma bouche. Mais, ne l'oublions pas, la Convention a sauvé le pays, le territoire, notre nationalité. Elle n'a pas laissé, elle, les armées étrangères, les armées ennemies arriver jusqu'à la capitale ; elle a porté nos frontières jusqu'aux limites naturelles de la France ; elle a créé la plupart des belles institutions qui, depuis près d'un demi-siècle, font la gloire de notre patrie. Je m'étonnerais, en vérité, qu'on ne pût pas citer ici la Convention pour ce qu'elle a fait de grand, de patriotique, d'immortel.

« La Convention fut nommée par la généralité des citoyens ; la Convention me servira à prouver que la population, quand on l'appelle à exercer le droit électoral, n'est pas exclusive ; qu'elle choisit dans toutes les classes de la société ; qu'elle va chercher le mérite là où le mérite lui apparaît.....

« Il y avait dans cette Assemblée quatorze évêques, six ministres protestants, treize hommes de lettres, vingt-deux médecins, quinze magistrats, trente-neuf avocats, sept notaires. Vous le voyez, toutes les classes de la société fournirent leur contingent. »

Enfin, Arago, après la question politique, aborde la question sociale. C'est la première fois qu'on parla à la Chambre des droits de l'ouvrier et du devoir qui s'impose au gouvernement de guérir ses maux en organisant le travail.

« Il y a, Messieurs, il y a dans ce pays, je l'ai prouvé par des chiffres, une partie de la population en proie à des souffrances cruelles : cette partie de la population est particulièrement la population manufacturière.

« Eh bien, le mal ira, tous les jours, en empirant. Les petits capitaux, dans l'industrie, ne pourront pas lutter longtemps encore contre les grands capitaux ; l'industrie qui s'exerce avec des machines l'emportera sur l'industrie qui n'emploie que les forces naturelles de l'homme ; l'industrie qui met en œuvre des machines puissantes, primera toujours celle qui s'exerce avec de petites machines. D'ici à peu d'années, la population ouvrière tout entière se trouvera à la merci d'un très petit nombre de capitalistes. Il y a nécessité d'organiser le travail, de modifier, en quelques points essentiels, les règlements actuels de l'industrie. Se récrie-t-on sur ce qu'il y a, en apparence, d'exorbitant dans une semblable idée, je dirai que vous êtes déjà entrés dans cette voie le jour où l'on vous a saisis d'une loi qui a pour objet de régler le travail des enfants dans les manufactures..... »

Mais cette réforme est liée, elle-même, à une réforme plus importante, celle-là même qui fait l'objet du discours, la réforme électorale. Les intérêts du peuple ne seront bien défendus que le jour où le peuple nommera directement ses députés.

Écoutez Arago : « Tant que le peuple ne concourra pas au choix des députés, tant qu'on pourra nous appeler Chambre de monopole, une certaine partie de la société se figurera que nous ne nous préoccupons pas assez de ses souffrances, de ses douleurs. Les lois que nous ferons en sa faveur ne lui sembleront que des palliatifs ; elle n'admettra jamais que nous ayons atteint les limites du possible. Associez, au contraire, le peuple au mouvement électoral, et, dès ce moment, tout prend à ses yeux un autre aspect ; et il se résigne à ne voir, chaque année, sa position changer que dans la mesure des décisions législatives ; et, en tout cas, il espère qu'une nouvelle Chambre, dont le personnel, le caractère et les tendances pourront être modifiés par ses votes, lui fera complète justice ; et jamais il ne s'associera à aucune idée de violence.....

« En présence de la tension extrême des ressorts sociaux, la réforme m'apparaît, à moi, comme une soupape de sûreté.

« La révolution de 1830 a été faite par le peuple. En accueillant les pétitions, fermons la bouche à ceux qui disent qu'elle n'a pas été faite pour le peuple. »

Arago reçut des félicitations et des encouragements de tous les points de la France. Les ouvriers lui envoyèrent des députations pour le remercier de son dévouement à la cause du peuple.

La campagne réformiste continua en province. Arago présida divers banquets à Paris, à Tours, à Blois, à Montpellier et à Perpignan. Il fut accueilli partout par les acclamations de tous les vrais patriotes.

La bataille entre les réformistes et le pouvoir dura jusqu'aux dernières années du règne. Le 24 février 1848, les partisans de la souveraineté du peuple triomphaient enfin et le roi quittait Paris « laissant derrière lui une trace de sang qui lui défendait de revenir jamais sur ses pas. »

Un Gouvernement provisoire acclamé par la voix du peuple et des députés, dans la séance du 24 février, fut investi momentanément du soin d'organiser la victoire. Il se composait de Dupont (de l'Eure), Lamartine, Arago, Crémieux, Ledru-Rollin, Marie, Garnier-Pagès, Louis Blanc et Albert.

Savez-vous quel fut le premier acte, le premier décret de ces révolutionnaires? Ce fut la proclamation de l'inviolabilité de la vie humaine, l'abolition de la peine de mort en matière politique.

Puis le Gouvernement déclara que la patrie adoptait les enfants des citoyens morts en combattant pour la liberté, et qu'elle se chargeait de tous les secours à donner aux blessés et aux familles victimes du gouvernement monarchique.

On s'occupa ensuite de nommer les ministres. Arago prit le ministère de la marine du droit de la science, de son autorité sur les armes savantes, de sa renommée aussi vaste que le globe où son nom allait flotter.

Il y a trente-huit ans, le 27 février 1848, à pareil jour, à la même heure, tout le peuple de Paris se réunissait sur la place de la Bastille. L'armée était représentée par des délégations.

A une heure, les membres du Gouvernement et leur escorte débouchaient sur la place; ils marchaient deux à deux. MM. Lamartine et Arago ouvraient la marche se tenant le bras. Le temps, qui avait été couvert et pluvieux une partie de la matinée, changea tout à coup, et un soleil que l'on a comparé à celui de juillet 1830 éclaira cette fête mémorable.

Tous les membres du Gouvernement provisoire, s'étant réunis autour de la colonne, y furent entourés des drapeaux de la garde nationale et du peuple : mille autres drapeaux aux trois couleurs flottaient aux fenêtres, tant sur le passage du cortège, que sur la longueur des boulevards. Une foule immense couvrait la place de la Bastille et les voies qui y aboutissent.

Après que les musiques eurent exécuté les airs nationaux de la première Révolution et le *Chant des Girondins,* François Arago prit la parole :

« Sur cette place, dit-il, où nos pères ont inauguré la liberté, nous venons proclamer la République française. Ils ont eu le courage de la créer ; nous aurons la sagesse de la conduire dans une voie large, grande et glorieuse.

« *Vive la République !* »

A peine Arago eut-il prononcé ces mots magiques qu'une acclamation, sortie de cent mille poitrines, lui répondit par ce même cri : Vive la République ! Les musiques se mêlèrent à ces cris et les drapeaux saluèrent l'inauguration officielle de cette République tant désirée par les hommes marchant à la tête de la civilisation du monde.

Au commencement du mois de mai, le Gouvernement provisoire déposait ses pouvoirs entre les mains de l'Assemblée qui venait d'être élue. Chacun des ministres fit le compte rendu des mesures prises dans chacun de leurs départements respectifs. Quand François Arago vint, à son tour, présenter son rapport, les applaudissements saluèrent son apparition à la tribune. Arago venait, comme ministre de la guerre, annoncer comment, en trois mois, il avait mis la République en état de présenter à ses ennemis un effectif de cinq cent mille hommes et de quatre-vingt-cinq mille chevaux, appuyé sur la garde nationale et sur une population toute prête à s'armer pour son indépendance. Comme ministre de la marine, il annonçait à l'Assemblée les glorieuses mesures qu'il venait de décréter et qui ont fait chérir son nom jusqu'aux confins du monde, à savoir la suppression de l'esclavage dans les colonies et l'abolition des peines corporelles qui déshonoraient la marine française.

L'Assemblée nationale déclara que le Gouvernement provisoire avait bien mérité de la Patrie. Mais un honneur plus' périlleux encore était réservé à François Arago. Après la retraite du Gouvernement provisoire, la Chambre plaça, à la tête du Gouvernement, une Commission exécutive, composée d'Arago, Garnier-Pagès, Marie, Lamartine et Ledru-Rollin. Les commissaires se réunirent aussitôt et conférèrent à Arago, comme au plus digne, la présidence de la Commission. Mais elle ne devait pas siéger longtemps.

Le Gouvernement provisoire avait promis d'organiser le travail : ce fut une triste expérience. Grâce au mauvais .vouloir des banquiers, des capitalistes et des chefs d'industrie, au mois de juin, cent sept mille ouvriers étaient incorporés dans les ateliers nationaux.

Il était impossible de donner longtemps du travail à tout ce monde. Sur la proposition de M. Goudchaux et de M. de Falloux, l'Assemblée résolut de dissoudre les ateliers nationaux. Le lendemain, la bataille recommençait. Le général Cavaignac était investi des pleins pouvoirs et la Commission exécutive donnait sa démission.

Ces luttes fratricides accablaient l'âme du grand patriote. Il n'était pas de ceux qui croient à la vertu des armes pour apaiser les colères du peuple. Pendant ces terribles journées, il allait par les rues, accompagné seulement d'un tambour, essayant de pacifier l'émeute par son éloquence et sa popularité.

J'oublie, à dessein, les dernières tortures morales qui vinrent, chez ce grand cœur, se joindre aux souffrances d'une terrible maladie. Il ne rompit, un moment, son douloureux silence que pour refuser à l'Empire le serment que celui-ci eut, d'ailleurs, la pudeur de ne pas exiger.

Il succombait quelques mois plus tard, le 2 octobre 1853, ne pouvant survivre à la perte de nos libertés.

En 1853, c'est à peine si les orateurs qui parlèrent sur sa tombe osèrent faire une timide allusion à l'œuvre politique de ce grand citoyen. On loua le savant, le grand chercheur, le vulgarisateur admirable, personne ne se leva pour glorifier l'héroïque défenseur de nos droits. L'Empire avait comme bâillonné toutes ces bouches et, les lèvres frémissantes, les mains tremblantes de fièvre, on dut se taire pour ne pas faire d'un enterrement le signal d'une insurrection, le signal peut-être d'un nouveau massacre. En 1865, ce fut autre chose : c'est l'éloge de l'empereur, de l'impératrice et de son fils, qui vint s'étaler dans les discours des orateurs d'Estagel. Le peuple était allé par surprise à cette fête, il en revint désabusé après avoir entendu porter un toast, au pied de la statue d'Arago, au criminel du Deux-Décembre.

Ainsi dans cette ruine de toutes les libertés, aucune voix ne s'élevait pour célébrer dignement l'homme et son œuvre, cette République qu'il avait fondée. Nous n'avons pas désespéré nous, ses compatriotes, car les œuvres d'Arago sont immortelles. Nous nous sommes souvenus, et, à l'occasion de son centenaire, nous nous sommes réunis dans cette enceinte pour célébrer, par une fête solennelle, l'apparition dans le monde de ce grand citoyen. Unissant dans un même amour l'œuvre et le nom, nous avons résolu de les fêter dignement comme il convient à des fils respectueux. Cette œuvre et ce nom nous avons voulu les confondre dans une même acclamation. Et ce cri qui sous l'Empire brûlait les lèvres et le cœur de nos aînés comme un impuissant regret et que nous murmurions enfants comme une espérance, nous le jetterons au ciel dans cet admirable triomphe de la reconnaissance universelle :

Vive la République ! Vive Arago !

www.ingramcontent.com/pod-product-compliance
Lightning Source LLC
Chambersburg PA
CBHW060521210326
41520CB00015B/4247